FERRET - 1972

1 Plan Du p. 18

2 Lettre Critique de Mr. a M. sur le traité de Mathematiq. du L. C. i. Capel de Lany 1730 p. 52. et une planche

3 Reponse a la lettre de Mr Guiot agé de 11 ans par l'auteur de la lettre critique p. 4.

4 Replique de Mr. Guiot p. 1.

PLAN

D'UNE

MATHEMATIQUE ABREGE'E,

A L'USAGE ET A LA PORTE'E

DE TOUT LE MONDE;

Principalement des jeunes Seigneurs, des Officiers, des Ingenieurs, des Physiciens, des Artistes, &c.

A PARIS,

Chez PIERRE SIMON, Imprimeur du Clergé de France, & du Parlement, au bas de la ruë de la Harpe, à l'Hercule.

MDCCXXVII.

AVEC APPROBATION.

PLAN

D'UNE

MATHEMATIQUE ABREGÉE

A L'USAGE ET A LA PORTÉE
DE TOUT LE MONDE.

Principalement des jeunes Seigneurs, des Officiers, des Ingenieurs, des Physiciens, des Artistes, &c.

A PARIS,
Chez Pierre Simon, Imprimeur du Clergé de France & du Parlement, rue de la Harpe, à l'Hercule.

MDCCXXVII.

AVEC APPROBATION.

PLAN

D'UNE

MATHEMATIQUE ABREGE'E,

A l'usage & à la portée de tout le monde ; principalement des jeunes Seigneurs, des Officiers, des Ingenieurs, des Physiciens, des Artistes, &c.

L'Utilité du Public est, sans doute, la principale fin des Ouvrages qu'on lui présente. Oseroit-on dire que c'est l'unique fin de celui dont on donne ici le Plan ébauché ?

L'Auteur laisse aux célébres Géometres qui sont à Paris, en Angleterre & ailleurs, la gloire de perfectionner de jour en jour la Géometrie. Pour lui, il se borne à aider, autant qu'il peut en être capable, à la perfection de ceux qui, en grand nombre, s'empressent de devenir Géometres.

Ce n'est pas qu'excité par de grands exemples, il

ait tout-à-fait renoncé à tenter quelque nouveauté en ce genre ; & dans ce point de vûë-là même, il ne disconvient pas qu'il n'ait voulu se préparer des Lecteurs pour quelque chose de plus élevé.

Mais jusqu'ici tout cet Ouvrage n'est presque qu'un Ouvrage de façon & de methode, qui n'a pour but présent & marqué, que l'usage & la satisfaction du Public. Ainsi loin d'élever la Géometrie, on n'a pensé qu'à la dégrader au juste niveau de toute sorte de Lecteurs.

C'est pour des Lecteurs en effet qu'on a travaillé. On ne lit pas un livre de Géometrie ; on l'étudie, on le medite, on le contemple très-à-loisir. Nôtre Auteur n'a point crû que son Travail en meritât aucun de la part de ceux qui lui feront l'honneur d'en user, ni que pour l'entendre, personne dût s'avilir jusqu'à la condition d'Ecolier, ou se guinder jusqu'à celle de Solitaire contemplatif.

Il avertit donc & prie, dès l'entrée de son Livre, qu'on le lise sans contention ni effort d'esprit, sans se piquer beaucoup d'entendre les choses ou. de les retenir : qu'on le lise en un mot, & rien de plus. On lit un livre d'histoire & de morale : voilà le modele. On relit ceux-là, on pourra relire celui-ci. Il a pourtant sur eux l'avantage, d'avoir été fait uniquement dans cet esprit, qu'on pût le lire tout de suite, l'entendre en le lisant, & le retenir en l'entendant.

Pour faciliter cette lecture, sinon rapide, du moins libre & aisée, il a fallu d'abord travailler sur les termes & sur le stile qui arrêtent tout court à chaque pas les plus déterminez Lecteurs.

A l'égard des termes, il n'a pas été question de les ôter. Tel croiroit n'avoir rien appris, si des termes herissez de Grec, ne l'avertissoient & n'avertissoient sur-tout le Public, de son rare sçavoir: mais en retenant les termes usitez chez les Sçavans, on s'est bien souvenu qu'ils étoient inusitez & parfaitement étrangers chez ce Public. On les a donc admis sur ce pied-là; & selon toutes les Loix de la bonne hospitalité, on leur a associé à chacun son fidele interprête, pris dans la langue même du Public.

On prie les Géometres de n'en être point scandalisez: ce n'est point pour eux, c'est pour tout le monde qu'on a dit, sans respect ni insulte, qu'un *Cône* étoit une maniere de pain de sucre, arrondi tout-au-tour, large par embas, & éfilé en pointe tout en haut. Qu'un *Parallelepipede* ordinaire étoit une poutre bien faite, longue, quarrée à ses bouts, & dans toute sa largeur. Qu'un *Polyedre* étoit comme vous diriez bien un miroir à facetes. Qu'un *Cube* étoit, par exemple, un dé à joüer, revêtu de six surfaces plattes, quarrées, toutes égales.

Qu'un *Angle* étoit un pli dans une ligne; qu'une *Courbe* étoit anguleuse & pliée dans tous ses points; qu'un *Cercle* étoit un rond uniformément plié partout; qu'une *Ellipse* étoit une ovale plus pliée aux deux extrêmitez qu'aux deux côtez; qu'une *Parabole* étoit une grandissime ovale, dont par consequent on ne peut jamais saisir à la fois les deux bouts, ni de l'œil, ni peut-être même de l'esprit, &c.

Les termes sont si peu de chose dans les vrayes sciences, que c'est merveille qu'ils aïent eu droit jusqu'ici d'arrêter la Géometrie dans ses progrès. Que sçait-on? Peut-être traittera-t-on encore de hardiesse & d'outrage l'honneur qu'on croit faire à ces vénérables Grecs, en leur donnant à chacun son truchement françois : mais les Grecs mêmes n'étoient point si respectueux. Un Païsan Grec avoit bien la hardiesse de sçavoir qu'un *Cône* étoit un pain de sucre ; & dans les Bourgades de l'Attique on joüoit aux *Cubes* tout aussi familierement que nous joüons aux dez, si toutefois les dez & le pain de sucre étoient de ce tems-là : mais on parle ici de la figure, & non de la substance.

Tout tourne à bien avec un peu de façon. Les termes ainsi popularisez, non seulement ne font plus d'embaras, mais servent même, comme de points fixes, pour saisir les choses & les retenir. Il semble même que notre esprit toûjours ennemi des grands noms, goûte une sorte de triomphe à voir un *Cône* sçavant travesti en chapeau pointu ; & un *Parallelepipede* redoutable transformé en un chetif soliveau.

Mais c'est le style non moins grec de la Géometrie qui demande à être un peu traduit en stile françois. Euclide en faisant ses Elemens, les avoit si peu façonnez, qu'il en avoit simplement énoncé les propositions en stile autant qu'en langage populaire, sans autre raisonnement ni démonstration. Peut-être ne prévoïoit-il pas qu'ils dussent jamais en avoir besoin ? Les Egyptiens au moins n'en avoient pas eu besoin pour puiser cette premiere Géometrie dans les Marais du Nil.

Mais ce n'est pas pour rien que les sciences ont fait d'admirables progrès dans ces derniers siecles. Tout jusqu'aux Elemens & à l'Alphabet des sciences, est devenu ſçavant entre les mains des Sçavans Commentateurs. Avons-nous de traité de Géometrie plus géometrique en effet, plus auſtere, plus exact, plus précis, plus étroitement enchaîné, plus ſubtilement démontré; c'eſt-à-dire, moins élementaire que les Elemens ſoi diſant d'Euclide ?

Et qui doute qu'à force de ſcience on ne parvienne ſouvent à ignorer ce qu'on ſçavoit bonnement dans l'état d'une ignorance ſimple & naïve ? Celui qui fit un livre pour prouver que le tout eſt plus grand que ſa partie, par une chute qu'on pouvoit prévoir, le finit en prouvant de ſon mieux que la partie eſt plus grande que le tout. Il faut parler par faits ſenſibles.

Imaginons un ſoliveau quarré par les deux bouts, couché ſur la platte terre, ſur lequel un Charpentier poſe ſa ſcie à plomb. Mais tandis que la ſcie enfonce, demandons à un petit garçon quelle figure vont avoir les deux nouveaux bouts du ſoliveau à l'endroit ſcié, ſeront-ils plats ou boſſus ? ronds ou quarrez ? Il répondra ſans heſiter, qu'ils ſeront plats & quarrez comme les deux autres bouts.

Or j'en atteſte les plus ſubtils genies. *La ſection perpendiculaire d'un parallelepipede reſſemble & égale les deux baſes.* Entendent-ils ce langage ? Il faut démontrer, dit-on. Mais pourquoi ce qu'un petit garçon peut entendre deviendra-t-il, par une façon de ſtyle, inintelligible pour des eſprits formez & intelligens; à moins qu'on ne leur en donne une démonſtration qui en ſuppoſe pluſieurs autres, & qui en elle même eſt encore inintelligible pour les trois quarts de ceux qui s'en mêlent ?

Qu'on dise à un enfant qui marche à peine, de mesurer la longueur d'une chambre ; aussi-tôt il ira, non d'un angle à l'angle opposé en ligne diagonale, ni en ligne oblique, ou anguleuse, ou courbe ; mais en ligne droite & directe, d'un point d'une muraille au point qui lui répond vis-à-vis dans la muraille qui fait face. On voit tous les jours des enfans de deux ans voler en ligne droite dans les bras de leur nourrice qui les appelle.

Et cependant les Géometres font un crime à Archimede, au grand Archimede, de ce qu'il a pris la licence, après même en avoir demandé la permission, de croire & de dire sans démonstration que la ligne droite étoit la plus courte qu'on pût tirer d'un point à un autre point. Pour eux, ils démontrent en bonne forme, que la perpendiculaire à une ligne est perpendiculaire à sa parallele : que cette perpendiculaire est plus courte que l'oblique : que la plus oblique est la plus longue : que la perpendiculaire seule mesure la distance de deux paralleles : que la hauteur d'une montagne ne se mesure pas par sa pante, mais à plomb, &c.

Or ce ne sont pas les seuls élemens d'Euclide dont le stile anéantit la clarté naturelle. *La serie descendante & infinie des sousdoubles, égale le double de son premier terme.* Cette proposition, qu'on ne s'y trompe pas, appartient à la haute & transcendante Géometrie de l'infini.

Mais en bon françois cela ne signifie autre chose, si ce n'est qu'on peut diviser une grandeur, par exemple une ligne, par moitié, sa moitié par moitié, &

toûjours de moitié en moitié à l'infini. C'est ce progrès de moitiez de moitiez qu'on appelle sçavamment *la serie descendante des sousdoubles.* Croit-on que pour être Géometres il faille grifoner des figures, & bégayer en enfant des A B?

Les deux tiers au moins de l'Ouvrage qu'on va imprimer, sont sans figures, sans symboles, d'un stile uni qui se laisse lire tout de suite. Faut-il des figures & du jargon pour prouver qu'un quarré double d'un autre par sa longueur, & par consequent aussi par sa largeur, en est double du double ou quadruple; qu'un cube ou un dé deux fois plus long & par consequent deux fois plus large & deux fois plus épais qu'un autre, en est double du double du double, ou triplement double, c'est-à-dire, octuple? &c. En tout cas la nature nous presente bien des figures sur lesquelles, sans autre grifonage, il suffit de jetter un petit coup d'œil refléchi.

Venons au fonds de l'Ouvrage. Ce n'est ni un seul traité, ni une seule science géometrique, ni même la seule Géometrie qu'il renferme. Ceux pour qui on a travaillé ont besoin de quelque chose de plus. Il y a même dans toutes les parties des Mathematiques des morceaux curieux, utiles & necessaires pour eux; & la vraïe science des personnes d'un certain rang, & de tout ce qu'il y a de gens d'esprit & de goût, est de sçavoir un peu de tout cela.

Peut-être même n'est-il question que d'arranger un peu ses idées sur toutes ces choses; car l'usage du monde, la lecture, la conversation, la vûë de mille objets ne laissent pas de jetter dans l'esprit un grand détail d'idées qui n'ont besoin que de quelques principes & de quelque methode pour former un corps de science assez étendu. En tout cas les livres de détail ne sont pas rares.

On a donc dressé un plan complet d'une Mathematique universelle qui embrasse toutes ses sciences & ses arts subalternes, les présente dans leur ordre naturel; & avec un peu d'explication en fait connoître, 1°. la nature & le caractere, 2°. l'enchaînement & le rapport, 3°. le but & l'usage, 4°. les principes & la nature generale, 5°. les singularitez les plus remarquables, 6°. souvent l'Histoire & les meilleurs Auteurs qu'on peut lire pour en voir le fonds, 7°. enfin sur toutes choses l'esprit, le goût & le systême entier.

Or en donnant ainsi une ébauche generale de toutes les parties des Mathematiques, on a un peu plus, & sans doute suffisamment enfoncé dans celles qui sont les principes & les clefs des autres; & en particulier celles qui sont d'usage dans le monde, & qui servent pour le Raisonnement, le Genie, la Physique & les Arts.

Par exemple, on a donné comme à fonds la methode, soit Mathematique & generale, soit Géometrique & particuliere, l'Aritmetique, les Elemens, la Géometrie pratique avec ses Arts subalternes, l'Ichnographie, l'Arpentage, le Toisé, le Jaugeage. Un peu moins, mais assez en détail, l'Algebre, l'Analyse simple & composée, l'Analyse de l'infini avec sa Metaphysique & sa Géometrie, les Sections Coniques, la Science des Courbes, la Dynamique qui traite de l'Action simple & directe des corps, & la Statique qui traite de la Réaction des forces opposées, & de leur Equilibre,

Equilibre, soit parfait, soit suspendu, soit rompu, avec tout le systême des Arts méchaniques, & surtout des Arts liberaux, le Dessein, la Peinture, la Musique, & en particulier l'Architecture & l'Art Militaire.

On a principalement tâché à faire connoître bien distinctement le fort & le foible, l'étenduë & les bornes, le solide & l'inutile de chaque partie. Ce que c'est que quadrature du Cercle, Mouvement perpetuel, Longitudes, &c. Les Evolutions des courbes, les subtilitez des infiniment petits, les jeux des nombres, le Grimoire de l'Algebre, la Magie de l'Analyse, &c.

Qu'on n'aille pas s'imaginer néanmoins que c'est une Encyclopedie qu'on annonce en dix ou vingt Volumes; c'est une Mathematique universelle, dans son Plan, dans ses principes, mais non dans son execution & dans son détail. C'en est l'esprit plûtôt que le corps entier. Ceux qui cherchent des plans d'ouvrages y en trouveront un bon nombre; & pour le moins celui d'un cours complet de Mathematique. En un mot c'est l'affaire d'un *in quarto* raisonnable.

Mais cela même va paroître paradoxe; non pas cependant à ceux qui comprendront la force de ce Vers d'Horace, qu'on a mis à la tête de l'Ouvrage pour devise.

Ordinis hæc virtus erit & venus, aut ego fallor.

Qu'on eût traité séparément tous les morceaux qu'on traite dans cet Ouvrage; on eût bien pû en faire dix ou douze Volumes, sans y mettre ni plus de ſubſtance, ni plus de détail. Les parties detachées d'un tout occupent un Volume dix fois plus grand que le tout; & des ſciences réünies ſe prêtent un grand jour mutuel. C'eſt cet ordre nouveau, mais tout ſimple, dont on voudroit bien donner ici quelque notion. Les termes, le ſtile ne ſont que de très-legeres façons auprès de ceci. Prenons la choſe dans ſa ſource.

C'eſt par voïe de ſyntheſe qu'on procede juſqu'ici dans la maniere d'enſeigner & d'étudier la Géometrie & toutes les Mathematiques. On commence bruſquement par une premiere propoſition, définition, ou axiome; de-là on va à une autre, & puis à une autre : & après une cinquantaine de propoſitions qui n'ont d'autre liaiſon marquée que parce que l'une cite quelquefois l'autre; cela s'appelle un livre qui eſt ſuivi d'un autre livre ſemblable. On en parcourt ainſi dix à douze; & la fin du Volume avertit que c'eſt la fin d'un Traité.

Après ce Traité quelqu'un vous apprend, par hazard, qu'il y en a un autre; vous l'ajoûtez au premier, & un troiſiéme au ſecond; & un quatriéme au troiſiéme. Et dans la ſuite des tems ce détail indéfini de Propoſitions, de Livres & de Traitez s'appelle une Science; & d'une Science allant à l'autre, on arrive, à la fin, au Corps entier des Mathematiques.

On arrive, c'eſt-à-dire, on arriveroit, ſi on avoit la patience & les facultez d'aller à travers tout ce détail de Propoſitions ſéches & ſpeculatives, ſaiſir un corps ſans conſiſtence & ſans liaiſon, dont on n'a pû juſques là prendre l'eſprit ni le goût, ni preſque en prévoir le but & l'uſage; à moins que la nature ne vous ait fait tout exprès pour cela, avec un petit nombre d'eſprits choiſis que tout le reſte du genre humain admire, ſans pouvoir les imiter.

Toute cette methode, qu'on vante tant, au lieu de vanter uniquement ceux qui ont pû n'en être pas mille & mille fois rebutez, eſt fondée ſur une idée qui regne; que pour aller du connû à l'inconnû, il faut paſſer du ſimple au composé, & du détail au tout. Il eſt de fait néanmoins que toutes les autres methodes, qu'on ne vante pas tant, mais qu'on goûte mieux, procedent tout au rebours, du general au détail, & du composé au ſimple, par voïe d'analyſe, de diviſion & de ſouſdiviſion.

Rien n'eſt plus captieux, que de prétendre que les idées ſimples ſont les plus faciles & les premieres dans les Sciences. Ignore-t-on donc que la plûpart des eſprits ſont diſtraits, oublieux, impatiens, ſuperficiels, accoûtumez à voir toutes choſes à peu près, confuſément & en gros d'une maniere generale & vague? Et que ces idées ſimples, abſtraites, préciſes, & indiviſibles qu'on préſente à des Commençans, dès la premiere propoſition, dès la premiere définition, échapent & ne ſe laiſſent point ſaiſir? Et que de cent eſprits il y en a quatre-vingt-dix-neuf qui s'y refuſent avec une obſtination, qu'il eſt tems de reconnoître, pour y mettre ordre.

La methode de l'Ouvrage, qu'on annonce ici, eſt toute analytique; on y commence par les idées generales des Mathematiques, & on les finit par les idées detaillées de la Géometrie. Le progrès des unes aux autres eſt très-lent, & infiniment nuancé; mais invariable, & toûjours sûrement acceleré du composé au simple.

Le but est, la démonstration des choses : mais avant que de les démontrer comme évidentes, on les prouve simplement comme vraïes ; avant que de les prouver comme vraïes, on les insinuë comme vrai-semblables.

La vrai-semblance est précedée de la conjecture qui est une vrai-semblance conditionelle, par laquelle on juge, non pas que la chose est, mais qu'elle pourroit être vrai-semblable. Avant que de conjecturer que la chose pourroit être, on fait voir qu'absolument elle peut être, elle est possible. La plûpart des esprits se refusent à une démonstration & à une preuve, non pas simplement comme à une fausseté, mais comme à une chimere, ou tout au moins comme à un paradoxe ; & le grand nombre des Contradicteurs ne nient jamais simplement qu'une chose soit ; ils nient aussi en même tems qu'elle soit possible. Demontrez leur la possibilité, dès lors ils la trouveront vrai-semblable, & tout de suite vraïe, certaine & évidente.

Enfin, avant que d'établir même la possibilité des choses, on en donne par degrez le soupçon ; avant le soupçon on en fait naître la simple idée, & l'idée est même préparée par la premiere lueur. On ne connoit pas les hommes lorsque pour les éclairer, on les investit tout à coup d'un jour plein & parfait.

Dans l'Ouvrage, dont voici enfin tout le Plan à decouvert, supposant qu'on parle non à des Géometres, mais à des hommes, on debute par les premieres idées vagues, que tout le monde a des Mathematiques ; & en recüeillant un peu ces idées, on en forme comme le germe de la ſcience qu'on va developer dans leur memoire, en quelque ſorte, plûtôt que dans leur eſprit.

Les Mathematiques, leur dit-on à peu près, ſont la ſcience par excellence, la ſcience tout court, ſuivant la force du mot grec. Car en grec *Mathematique* veut dire *Science*, & rien de plus. Tout ce qui eſt vrai, certain, ſcientifique, eſt Mathematique : C'eſt donc la certitude qui caracteriſe la choſe. Son objet n'eſt autre que la grandeur, non pas vague & indefinie, mais bornée, figurée & ſenſible : c'eſt ce Monde avec tout le détail des choſes bornées qui le compoſent.

Dans le ſecond Developement, le Monde qui eſt deſormais notre objet, étant enviſagé de plus près, ſe préſente comme fait avec *nombre*, *poids* & *meſure ;* & les Mathematiques le ſaiſiſſant ſous ces trois aſpects, ſe diviſent en trois grandes Sciences, la *Géometrie* qui *meſure*, la *Mechanique* qui *peſe*, & la *Coſmographie* qui *compte*.

La diviſion eſt exacte, pourvû qu'on ne confonde rien. On a pû s'y méprendre, lorſqu'on n'a ſaiſi que le détail des choſes ; on ne dit pas que la Coſmographie apprend à compter, c'eſt l'Aritmetique, l'Algebre, &c. qui apprenent à compter ; mais elles l'apprenent en general, & d'une maniere indeterminée. La Coſmographie ſeule réaliſe leurs calculs abſtraits ; elle compte en effet des choſes effectives.

Elle eſt dans ſa notion correcte, & ſelon la force du terme, la *Deſcription* de l'*Univers*. Or on ne décrit l'Univers qu'en donnant le dénombrement de ſes parties ; en diſant qu'il y a tant de Conſtellations, tant d'Etoiles, tant de Planetes dans le Ciel ; tant de Degrez, tant de Siecles, tant d'Heures, tant de Minuttes, tant de Continents, tant de Mers, tant de ceci & de cela ſur la Terre, &c.

Le fait eſt parlant. Qu'on ouvre d'un côté des livres d'Aſtronomie, de Geographie ; & de l'autre des livres d'Aritmetique, ou d'Algebre. Ceux-là ſont pleins de dénombremens, de comptes, & de *comptes faits*. Ceux-ci n'ont que de petits calculs fort courts, à *faire* plûtôt que faits. Ce ſont des exemples arbitraires qui ſervent à rendre les regles ſenſibles.

La Coſmographie n'eſt après tout qu'un Aritmetique, ou plus generalement une Géometrie réaliſée ; & ces trois Sciences, Géometrie, Mechanique, & Coſmographie ne ſont que la même Science qui ſaiſit le même objet, le même Univers, dans trois points de vûë differens. En voici le caractere précis.

La Géometrie, toute abſtraite dans ſon objet, contemple le Monde comme *poſſible*, dans un état d'abſtraction. Auſſi ſa certitude eſt-elle Métaphyſique & fondée ſur les idées & les poſſibilitez immuables des choſes.

La Méchanique a pour objet le Monde ſe *faiſant* & en voïe de generation. Sa certitude n'eſt que Phyſique & fondée ſur l'experience des choſes mobiles, variables & contingentes.

La Cosmographie contemple le Monde comme *fait*, dans sa réalité actuelle. Sa certitude n'est que Morale & fondée sur l'Observation des évenemens, sur la Tradition & l'Estime des hommes.

On croit pouvoir donner ces notions comme exactes à tous égards. Car la Cosmographie, la Géographie, l'Astronomie n'ont jamais qu'une certitude morale & approchée; que le Soleil & la Terre sont un million de fois plus grands l'un que l'autre, qu'il y a tant d'Etoiles, tant de Continents, &c.

Dans tout le systême des choses, il n'y a que trois Sciences, la Métaphysique, la Physique & l'Histoire; parce qu'il n'y a que trois moïens de verité, l'Idée, l'Experience & la Tradition; la Géometrie est la Métaphysique des Mathematiques; la Méchanique en est la Physique; & la Cosmographie en est l'Histoire.

Dans le troisiéme Dévelopement, la Géometrie se divise en *Simple* qui traite des lignes, surfaces & corps simples, Triangles, Quarrez, Lignes droites, Cubes, Parallelepipedes, &c. En *Composée* qui traite des Coniques, c'est-à-dire, d'un certain nombre de lignes, surfaces & corps Courbes, Circulaires, Ovales, Paraboliques, &c. & en *Transcendante*, qui embrasse toute sorte de lignes, surfaces, & corps courbes.

La Méchanique se divise en *Generale*, qui traite du Mouvement en general & de tous les mouvemens generaux, comme la Pesanteur, les Forces *Centripetes* ou tendantes au Centre, le Ressort, &c. En *Particuliere* qui roule sur les mouvemens particuliers des corps, la Circulation, la Vegetation, la Nutrition, la Lumiere, le Son, &c. & en Méchanique pratique ou artificielle qui embrasse tout le système des Arts.

La Cosmographie se divise en *Visible* qui roule sur le Monde visible, le Ciel, la Terre, &c. En *Organique* qui roule sur l'interieur organisé des corps visibles, les Plantes, les Animaux, &c. & en *Intelligible* qui pénetrant tout-à-fait dans le plus secret interieur des choses, atteint jusqu'au système même de l'esprit & du cœur, à l'Art de Conjecturer, aux Jeux de Hazard, à la Morale, à la Politique, à la Démonstration même de la Divinité & de la Religion, &c.

Dans le quatriéme Dévelopement, la Géometrie *simple* se partage en Methode, en Elemens & en Pratique. La *Composée* en Sciences de calcul, Coniques & Pratique; la *Transcendante* en Analyse de l'infini, Science des Courbes & Pratique.

La Méchanique generale en *Dynamique*, qui est une science nouvelle dont M. Leibnis a donné la premiere idée, & dont on donne ici tout le plan & une execution commencée; elle traite de l'*Action* directe des corps: & en *Statique*, qui traite de la *Réaction* des forces opposées, de leur Equilibre, &c.

La Méchanique particuliere, est celle des Corps & celle des Qualitez sensibles, comme la Lumiere & le Son avec toutes les sciences d'Optique & d'Acoustique, &c.

La Méchanique pratique en Arts d'*Instinct*, d'*Adresse*, de *Goût*, comme sont la Peinture, la Sculpture, la Musique, la Danse, &c. de *Genie*, comme sont les diverses sortes d'Architecture, soit Civile & Champêtre, soit Militaire & Navale; & en Arts d'*Imagination* comme sont

ſont le Mouvement perpetuel, le Grand Oeuvre, la Medecine univerſelle, la Palingeneſie, &c.

La Coſmographie viſible ſe partage en Aſtronomie & en Géographie, &c. Tout ce Dévelopement a 25. branches.

Dans le cinquiéme Dévelopement qui a 63. branches, la *Méthode* ſe partage en *Mathematique*, qui regarde toutes les ſciences en general; & en *Géometrique*, qui concerne la Géometrie en particulier.

Les Elemens ſe partagent en Géometrie naturelle, qui renferme tous les Axiomes, Définitions, Notions, Demandes, & en Géometrie démontrée, &c.

Le ſixiéme Dévelopement a 151. Branches, Sciences, Arts, ou Traitez. Le ſeptiéme en a 381. Le huitiéme qui eſt le dernier va juſqu'au dernier détail des veritez & des propoſitions, dans lequel on enfonce plus ou moins, ſelon qu'on le juge plus ou moins utile à ceux pour qui cet Ouvrage eſt fait.

Or à meſure que tout cela ſe dévelope, on explique chaque choſe, ſa nature, ſon caractere, ſon principe, ſes rapports, ſa méthode, ſon uſage, ſon eſprit, ſon étenduë, ſes bornes.

On fait plus, & c'eſt ici le vrai nœud de tout cet Ouvrage: à la fin de chaque dévelopement, & de chaque diviſion & ſous-diviſion, on y trouvera des eſpeces d'Arbres Syſtematiques ou Analytiques, qui repreſentent d'un coup d'œil tout ce qu'on vient de lire, dans ſon ordre de lecture, de dévelopement, & comme de generation.

De ſorte qu'on a toûjours devant les yeux tout le plan de l'Ouvrage; ce qui empêche bien de s'y méprendre ou de l'oublier, & sauve l'Ouvrage de la confusion où un si grand nombre de sciences, d'arts & d'objets ne pouvoit manquer de le jetter, sans ce secours, peut-être unique.

C'est comme un Arbre qu'on voit toûjours croître sous ses yeux, & dont on compte pas à pas tous les progrès, toutes les branches, & jusqu'aux dernieres feüilles à mesure qu'elles se développent. De sorte qu'on n'a pas peut-être plus de peine à apprendre tous ces Arts & toutes ces Sciences au nombre de plus de 300. qu'on en auroit à en apprendre un seul dans un Ouvrage à part.

Ordinis hæc virtus erit & venus, aut ego fallor.

Horat. Poët.

L'Ouvrage qu'on annonce ici est du R. P. Castel J.

APPROBATION.

JE soussigné, Maître ès Arts en l'Université de Paris, ay lû par ordre de M. le Lieutenant General de Police, un Manuscrit qui a pour titre *Plan d'une Mathematique abregée*, dont on peut permettre l'impression. A Paris ce 9. Mars 1727. PASSART.

V*EU l'Approbation. Permis d'imprimer ce 9. Mars 1727.*
Signé, HERAULT.

Registré sur le Registre de la Communauté des Libraires & Imprimeurs de Paris, N°. 1520. conformément aux Reglemens, & notamment à l'Arrêt de la Cour du Parlement du 3. Decembre 1705. A Paris le dix-sept Mars mil sept cent vingt-sept. Signé, BRUNET, Syndic.

www.ingramcontent.com/pod-product-compliance
Ingram Content Group UK Ltd.
Pitfield, Milton Keynes, MK11 3LW, UK
UKHW020534230726
13925UKWH00005B/2281

9 782014 436297